Klaus Bourquain

Mein kleines wildes Tier

Klaus Bourquain

Mein kleines wildes Tier

Märchen und Geschichten

Illustrationen von Renate Göritz

Der Kinderbuchverlag Berlin

ISBN 3-358-00393-0

4. Auflage 1988

Lizenz-Nr. 304-270/272/88
Gesamtherstellung: Grafischer Großbetrieb Sachsendruck Plauen
LSV 7521
Für Leser von 8 Jahren an
Bestell-Nr. 630 832 6
00650

Ali und der Esel Mustapha

Vor ziemlich langer Zeit, als die Könige noch genauso notwendig waren wie heute die Präsidenten, lebte in Afrika ein Sultan.

Er war überzeugt, besser als jeder andere zu wissen, was für das Wohl seines Volkes richtig sei: Aus diesem Grund ließ er jedem den Kopf abschlagen, der anderer Meinung war als er.

So sollte eines Morgens auch ein Bauer hingerichtet werden, der am Markttag in einer Teestube gesagt hatte: „Und wenn unser Sultan, der Herrscher aller Herrscher, doch nicht immer und in jedem kleinsten Fall recht hat?“

Irgend jemand hatte ihn angezeigt.

Und nun strömte die Menge durch die Gassen zum Richtplatz, Soldaten standen aufgereiht eng um die Stätte herum, der Imam, der Vorbeter und Kenner der Wissenschaften, nahte; dann kam der Sultan angeritten – in starker Begleitung –, hinter ihm sein Wesir der Rechten und der Wesir der Linken. Der Sultan hielt eine kurze und scharfe Rede. Dann gab er dem Schwertträger das Zeichen.

Getrommelt wurde.

Klein und schüchtern kniete der Bauer auf dem Platz: Er dachte an sein armseliges, kostbares Leben, er dachte an seine Frau, und er dachte an seinen Sohn Ali, den er über alles liebte; und immer nur sah er seine glänzenden dunklen Augen in einem lachenden Gesicht. Schafhirt wollte Ali einmal werden.

Der Schwertträger stellte sich bereit.

Er schwang das Schwert um den Kopf.

Als es pfeifend die Luft durchschnitt, sagte die Sonne, die gerade über dem Meer aufgegangen war: „Bei meinen Aus-

brüchen, schon wieder einer da unten an diesem Platz! Es waren doch wohl schon zweitausendneunhundertneunundneunzig."

Der Träger des Racheschwertes wirbelte die Waffe das zweite Mal um den Kopf.

Da konnte die Sonne nicht anders, mit einem Ruck blieb sie stehen.

„Die Sonne!" rief ein Lastenträger.

Aber ein Nachbar schlug ihm sofort die Hand auf den Mund.

Der Henker schlug zu.

Da fiel die Sonne hinter das Meer zurück.

Windböen stoben heran, eine schwarze Wolkenwand jagte am Himmel herauf: Es regnete und hagelte.

Alle, bis auf den toten Bauern, flohen so schnell sie konnten zurück in die Stadt. In ihren Hütten, Häusern und im Palast suchten sie Schutz.

Und sie warteten auf die Sonne.

Aber das Wetter blieb.

Der Hagel riß die unreifen Früchte von den Zweigen, er walzte das Korn nieder, die Ernte verdarb.

Unruhig lief der Sultan in seinen Bogengängen hin und her. „Was für ein Unwetter!" stöhnte er.

Nach einer Woche fühlte er sich das erste Mal so hilflos, daß er die Wesire zu sich rief: Sie sollten ihm raten.

„Wo ist die Sonne?" schrie er. „Warum dauert das elende Wetter so lange an?"

„Großherrlicher Sultan!" riefen die Wesire, sie stammelten...

Mehr brachten sie nicht heraus, denn sie waren nicht Wesire geworden, weil sie klug waren, sondern weil sie Befehle und Anordnungen immer bedenkenlos hingenommen und weitergegeben hatten.

Der Sultan jagte sie hinaus. Er ließ den Imam rufen.

Der war sehr müde: Tag und Nacht hatte er gebetet. Und er versprach, Gott noch flehender anzurufen.

Mehr konnte man wohl von ihm nicht erwarten.

Der Sultan beorderte den Hauptmann zu sich.

Der schritt in den Saal. Vor dem Sultan schlug er die Stirn gegen den Boden und die Faust an den Säbel.

„Befiehl!" rief er.

„Ach ja", seufzte der Sultan. Er warf auch ihn hinaus.

Nach einigen Tagen blieb ihm nichts andres übrig, als alle Diener und Sklaven des Palastes zusammenzurufen.

Sehr viel kleiner geworden, fragte er: „Wer weiß einen Rat? Wer kennt einen Ausweg?" Er setzte eine hohe Belohnung aus.

Aber die Diener hockten ängstlich vor ihm; sie hatten immer nur gearbeitet und gehorcht, wie sollten sie jetzt mit einemmal denken und dem Sultan raten können?

Im Land wurde die Nahrung knapp.

Überall beriet man, auch in dem Dorf, in dem der hingerichtete Bauer gelebt hatte. Jeden Tag kamen dort die Bauern zusammen. Und so saßen sie eines Tages bei Ali, dem Sohn des Hingerichteten, der nun der Hausherr war. Sie hockten im Gurbi ums Feuer und grübelten und beratschlagten; im stillen aber hofften auch sie auf die Hilfe des Sultans.

Da steckte Mustapha, der Esel, Alis Freund, seinen Kopf durch den Vorhang in der Tür. Ohne jede Einleitung sagte er: „Ihr braucht die Flöte, die Flöte, deren Klang die Wolken vertreibt und die Sonne wieder scheinen läßt.“

Die Männer waren überrascht.

„Ho, ho, ho“, lachten sie aber dann, „hört euch doch den klugen Esel an.“

Und weil sie so lange niedergeschlagen und mißmutig gewesen waren, konnten sie gar nicht aufhören zu lachen.

Mustapha hatte nichts anderes erwartet, er war aber doch beleidigt. Er zog den Kopf zurück und trottete zu seinem Unterstand – sogar Ali hatte gelacht.

Und noch immer lachten die Männer.

Da stand Ali auf und ging hinaus zu Mustapha. „Stimmt das, was du gesagt hast?“ fragte er.

Mustapha schwieg.

„Sag!“

Aber Mustapha konnte sehr störrisch sein.

„Entschuldige!“ sagte Ali.

Mustapha beachtete ihn nicht.

Ali ging zurück in die Hütte. Aus einer Kiste holte er den Burnus seines Vaters. Von einem Regal nahm er das letzte Fladenbrot und brach sich eine Hälfte ab.

„Was hast du vor?“ rief die Mutter erschrocken von der Grasmatte in der Ecke.

„Ich werde mit Mustapha losziehen und die Flöte holen.“

Die Mutter schimpfte. Dann bettelte sie. Schließlich rief sie weinend: „Soll ich denn ganz allein leben, hier?“ Und die Männer schrie sie an: „Er ist doch noch ein Kind. Haltet ihn! So reite doch jemand von euch!“

Aber keiner von den Männern war bereit. Sollten sie auf einen Esel hören? Noch dazu auf einen fremden?

Ali verabschiedete sich. Obwohl er weinte, gerührt durch die Tränen seiner Mutter, ging er fest hinaus.

„Komm!“ sagte er zu Mustapha.

„Es ist gefährlich“, erwiderte der.

Ali legte ihm die Zügel an.

Die Bauern kamen aus der Hütte. Einige sahen zu, andere gingen hinweg. Die Mutter schrie.

Da rief Ali, um sich Mut zu machen, ganz laut: „Ich hole die Sonne.“

Und er ritt los.

Im Nu war er durchnäßt.

Als er die aufgeweichte Dorfstraße entlangritt, steckte ihm ein Bauer eine Hammelkeule zu. „Für den Weg“, sagte er, blickte ihn aber dabei nicht an.

Ali ritt in den Wald hinein. Er folgte Schlängelpfaden. Durch Täler und über Berge ritt er. Die Bäume waren vom Hagel entlaubt. Überall schoß Wasser dahin, das sie durchwaten oder durchschwimmen mußten.

Waren sie überhaupt auf dem richtigen Weg?

Mit einemmal, auf einer Lichtung, stürzte eine riesige Schar Vögel auf sie herab: Die Vögel schrien, kreischten und krächzten.

„Das habe ich geahnt“, sagte Mustapha.

„Was wollt ihr?“ rief Ali den Vögeln entgegen.

,,Euch fressen, was sonst", schrie ein Geier, der sich in der Gesellschaft stark fühlte.

,,Aber wir wollen die Flöte holen, die Flöte, deren Klang die Sonne wieder scheinen läßt."

,,Bis du sie bringst, sind wir längst verhungert." Damit schoß der Geier auf Mustapha zu und riß ihm ein Ohr ab.

,,Halt!" rief der Adler. Er fragte Ali: ,,Hast du etwas anderes, was du uns geben kannst?"

Ali zog das Brot unterm Hemd hervor, er brach es in Stücke und warf sie unter die Vögel. Lärmend balgten die sich darum. Mustapha galoppierte mit Ali davon. Und weil es dunkel war und die Wolken oft dicht über die Erde trieben, konnten sie den Vögeln entkommen.

Ali ritt und ritt, der Weg nahm kein Ende.

Auf einem Hang aber, plötzlich, hörten sie lautes Gebrumm, Gejaule und Gebrüll.

Es war eine Herde wilder Tiere.

,,Das habe ich befürchtet", sagte Mustapha.

Da waren sie schon umzingelt.

,,Was soll das?" rief Ali. ,,Laßt uns weiterziehen!"

,,Weiterziehen?" heulte ein Leopard. ,,Sollen wir einen Leckerbissen entkommen lassen, wenn uns der Hunger die Gedärme zerfrißt?"

,,Aber wir müssen die Flöte holen, deren Klang die Sonne wieder scheinen läßt. Wollt ihr jetzt einen Leckerbissen verschlingen, um dann in den sicheren Tod zu gehen?"

Doch der Leopard sprang schon zu, er riß sich ein Stück Fleisch aus Mustaphas Hinterteil.

,,Halt!" brüllte der Löwe. Und er fragte Ali: ,,Kannst du uns was andres zu fressen geben?"

Ali zog die Hammelkeule hervor, von der er nur wenig gegessen hatte, und warf sie unter die Tiere. Die rissen und bissen sich darum.

Mustapha jagte mit Ali davon. ,,Jetzt müssen wir uns beeilen", japste er, ,,die Tiere haben eine gute Nase und werden uns sicherlich verfolgen."

Mustapha lief, so schnell er konnte. Stunden. Da hörten sie Getrappel. Mustaphas Beine zitterten, so verausgabte er sich. Aber die Tiere kamen immer näher. Bald hechelte der schnelle Gepard dicht hinter ihnen. Vor sich aber sahen sie einen Fluß; wild schoß, sprudelte und quirlte das Wasser. Durch den vielen Regen war der Fluß ein reißender Strom geworden.

,,Das ist unser Ende", keuchte Mustapha.

,,Spring! Spring!" schrie Ali.

Mustapha sprang. Das Wasser spritzte auf, der Strom riß sie hinweg.

Die Verfolger wagten sich nicht in die Strudel.

Mustapha strampelte und paddelte. Aber er wurde immer schwächer, kaum konnte er sich noch über Wasser halten. Da glitt Ali von ihm hinunter und zog ihn. Dann wurde Ali matt, und Mustapha hatte sich erholt und half ihm wieder. So kamen sie ans andere Ufer.

Dort warfen sie sich nieder, ruhten sich aus.

Dann setzten sie ihren Weg fort.

Nun hatten sie es nicht mehr weit.

Sie kamen an ein Gebirge. In einer waldigen Schlucht sprudelte eine Quelle, Mustapha blieb vor ihr stehen. Mit dem Kopf nickte er zu einem Felsbrocken hin, der seitlich von ihnen aus der Erde ragte.

,,Die Flöte", sagte er.

In der Mitte des Steins, in einer kleinen Höhlung, lag ein Stück Holz. Es sah aus wie ein trockner Ast.

,,Das soll die Flöte sein", fragte Ali, ,,die Flöte, die wir suchen und deren Klang die Sonne wieder scheinen läßt?"

,,Ja", sagte Mustapha.

Der Stein gehörte zum Grab eines Hirten; es stammte aus alter Zeit: Alis Vorfahren hatten damals noch von der Jagd gelebt und die ersten Tiere an sich gewöhnt. Der Hirt war einer der klügsten gewesen, sein Rat hatte viel gegolten. Er selber hatte die Flöte geschnitzt und auf ihr gespielt, und nach seinem Tod hatte man sie ihm aufs Grab gelegt.

Noch immer zweifelnd, stieg Ali ab und ging zu dem Holz.

Kaum hatte er es jedoch aufgenommen, begann es zu spielen – von ganz allein. Denn die Flöte hatte auf dem Stein gelegen, die ewige Zeit, und sie hatte das Murmeln des Wassers, das Rauschen der Bäume und das Singen der Vögel in sich aufgenommen: Das tönte nun aus ihr heraus wie das Rauschen des Meeres aus einer Muschel. Ihre Lieder waren ganz einfach und so schön, daß Ali schluckte.

Am Horizont teilten sich die Wolken, und die Sonne stieg über die Gipfel.

So war es.

Ali sprang auf Mustaphas Rücken. Und überall, wohin sie nun kamen, schien die Sonne. Aus dem reißenden Strom wurde wieder ein ruhiger Fluß, die kahlen Bäume trieben frische Blätter, Blumen brachen aus der Erde.

Doch Ali war noch weit von seinem Dorf entfernt, als er erneut von den Tieren und Vögeln aufgehalten wurde.

„Jetzt mußt du bei uns bleiben", befahlen sie, „damit bei uns immer die Sonne scheint."

Wie konnte Ali bei ihnen bleiben?

Aber was sollte er anderes tun: Zwei Leoparden, drei Hyänen und vier Geier bewachten ihn.

Ali grübelte, wie er sich aus der Gefangenschaft befreien könnte.

Schließlich kam ihm eine Idee.

Er suchte einen Bambusstengel und schnitzte eine neue Flöte, der ersten zum Verwechseln ähnlich. Dann teilte er

beide Flöten der Länge nach und klebte mit Harz je eine Hälfte der alten mit einer Hälfte der neuen Flöte zusammen. Und tatsächlich: Beide Flöten spielten.

Eine ließ er bei den Tieren.

Die legten sie auf ein Plateau, und da spielte und spielte sie, und die Tiere hatten immer Sonnenschein.

Was aber entsteht, wenn immer und immer nur die Sonne scheint?

Eine Wüste.

Eine Wüste bildete sich auch dort, wo die Tiere lebten.

Wo jedoch eine Quelle aus der Erde trat, entstand eine Oase; rundum aber versandete der Boden, die Berge wurden nackt, und die Steine bekamen Sprünge in der Hitze des Tages und der Kälte der Nacht.

Zuweilen, wenn ein Tier auf das Mundstück trat oder eine neugierige Schlange ihren Kopf hineinsteckte, verstummte die Flöte, und ein Sandsturm zog auf.

So ist es noch heute.

Mit der anderen Flöte aber ritt Ali auf Mustapha zurück. Wie Helden wurden sie zu Hause empfangen, denn die Sonne schien, und die größte Not hatte ein Ende. Am meisten aber freute sich Alis Mutter; und sie war stolz auf ihren Sohn.

Der alte Sultan wurde abgesetzt und mit dem Schwertträger in einen trockenen Brunnen gesteckt. Dort bekamen sie einmal am Tag ein wenig zu essen. Die Wesire aber, der Hauptmann und der Imam mußten auf den Feldern arbeiten.

Man bat Ali, das Amt des Sultans zu übernehmen.

Der aber wollte nicht.

Da bat man Mustapha.
Doch auch der hatte kein Interesse.
So wählte man Abdullah zum Sultan, den Lastenträger, der zuerst gesehen hatte, daß die Sonne stehengeblieben war. Er wurde einer der wenigen guten Könige, die es in der Geschichte gab. Bis in sein hohes Alter hinein ging er am liebsten verkleidet und unerkannt aus dem Palast und sprach in den Handwerkerstraßen, in den Teestuben oder im Hafen mit den Leuten. Er war nachgiebig und fest, und manchmal hörte er auf den Rat der Leute und manchmal nicht.

Ali aber wurde Hirte. Er hütete die Schafherde des ehemaligen Sultans, die nun zu einem großen Teil allen gehörte. Früh am Morgen, wenn die Luft noch so frisch war, daß man in ihr baden konnte, trieb Ali auf Mustapha die Schafe in die Berge. Die Flöte spielte, und die Sonne stieg aus dem Meer.

Manchmal hatte Ali Lust, selbst ein Lied zu spielen. Das klang nicht ganz so schön: Wolken zogen auf, und es regnete.

Und so gewöhnte sich das Land entlang der Küste wieder an die Sonne und an den Regen.

Mustapha durfte stets das saftigste Gras weiden.

Nachts im Freien

(Frisch und frei
nach einem alten japanischen Märchen)

Herr Manfred Jochmann lebte in einer Großstadt. Er war verheiratet, seine Frau arbeitete als Unterstufenlehrerin, und sie hatten zwei Kinder, die aber schon bald aus der Schule kamen. Herr Jochmann arbeitete im Zoo als Tierpfleger, er war verantwortlich für die Bären und sibirischen Tiger.

Oft hatte er Dienst an den Wochenenden.

Dafür bekam er dann Tage in der Woche frei.

War das Wetter entsprechend, fuhr Herr Jochmann gern mit seinem alten Auto hinaus in ein Heide- oder Waldgebiet. Das Vehikel stellte er in irgendeinem Dorf ab. Und er wanderte, kletterte und fotografierte; er fotografierte leidenschaftlich gern. Einige seiner Bilder waren in Zeitungen erschienen oder auf Ausstellungen gezeigt worden.

Und er schlief im Freien.

So fuhr er auch in einem Spätsommer los, nachmittags, denn er hatte erst noch Wäsche zur Wäscherei bringen müssen und Bretter für ein Regal im Keller besorgt. Sein Ziel war eine ganz gewöhnliche Landschaft, in der er aber noch kaum herumgewandert war: Hügel, viel Acker, Wäldchen.

Mit dem Auto schuckerte er über eine Dorfstraße; er suchte eine Gaststätte.

Vor ihr parkte er und ging hinein, um Abendbrot zu essen.

Als er bezahlt hatte, seinen Rucksack aufhuckte und die Kamera vor die Brust hängte, fragte ihn der Wirt, wohin er denn jetzt noch wolle.

Der Tierpfleger sagte es.

Einige Gäste drehten die Köpfe zu ihnen. Der Wirt lächelte gezwungen und meinte, es sei doch wohl besser, in einem festen Haus zu schlafen. Er selber habe zwar keine Unterkunft für ihn, denn sein Haus sei nur 'ne gewöhnliche Dorfkneipe, aber man könne einen Gast fragen – dabei nickte er zu einem kraushaarigen Mann am Stammtisch –, der vermiete Zimmer.

„Bei mir schläfst du geborgen und billig wie im Mutterleib", rief der durch den Raum.

Der Tierpfleger lächelte und dankte. Sein ganzes Leben lang schlief er eingepfercht.

Er ging zur Tür.

Da sagte der Wirt ungewöhnlich ernst, er wolle doch wohl aber nicht in Richtung Süden auf dem waldigen Hügel mit

dem alten trigonometrischen Punkt übernachten; davon rate er auf jeden Fall ab.

Ja, stimmten die anderen Gäste zu, da herum solle er besser einen großen Bogen schlagen.

Der Tierpfleger bedankte sich noch einmal. Und er wünschte einen guten Abend und ging aus der Stube und aus dem Dorf hinaus.

Auf Feldwegen wanderte er zwischen frisch gepflügten Äckern, zwischen Kartoffel- und Rübenfeldern.

Am Horizont berührte die Sonne die Obstbäume an einer Landstraße.

Herr Jochmann wanderte in Richtung Süden.

Er sah den Wald und den Hügel und das Holzgerüst, von dem die Spitze fehlte. Auf einem Pfad gelangte er in den Wald. Er stieß auf zwei Rehe, die auf einer Lichtung ästen, und er pirschte sich an sie heran; aber er beobachtete sie nur, denn zum Fotografieren war es bereits zu dunkel.

Und schließlich ging er ohne Weg mitten durch den Wald auf den Hügel zu. Als er tiefer atmend unter dem Holzgerüst stand, überlegte er, ob er unten auf dem Rasen oder oben auf der Plattform schlafen solle. Da ihn aber der Wirt und die Männer so eigenartig ernst gewarnt hatten, er auch gespannt auf die Aussicht war, entschloß er sich für die Plattform.

Die Leiter zum ersten Absatz hinauf fehlte.

So kramte er einen Bindfaden aus dem Rucksack, knotete das eine Ende um die beiden Schulterriemen, band das andere lose um sein Handgelenk und kletterte zwischen zwei Eckpfählen am schrägen Versteifungskreuz das Gerüst hinauf. Vom untersten Absatz hievte er den Rucksack nach. Und nun konnte er die Stiege benutzen; sie war morsch, einige Sprossen fehlten; aber ohne jeden Zwischenfall gelangte er oben an. Er zwängte sich durch die Luke: Glatt wie ein Tisch lag die Plattform über den Wipfeln, Bodenbretter waren zerbrochen.

Weit genug vom Rand entfernt suchte sich Herr Jochmann einen sicheren Platz, breitete dort seinen Schlafsack aus und setzte sich. Er sah über die Baumkronen, aus denen ein einzelner Vogel aufflatterte, schnell wieder hinabtauchte; sah über die Felder. Wolkenränder glühten.

Der Tierpfleger nahm eine Flasche Rotwein aus dem Rucksack und trank einen Schluck.

Er hörte Grillen, in der Ferne einen Traktor.

Als es dunkel war, trank er noch einen Schluck und noch einen.

Dann lag er im Schlafsack und sah hinauf zu den Sternen und zu den langsam dahinziehenden Wolken; hin und wieder wehte ein frischer Luftzug über sein Gesicht, trug ihm den Geruch von Erde, Laub und Stroh zu, die Warnung des

Wirtes geisterte ihm durch den Kopf, eine Mücke ärgerte ihn; aber schließlich wuchs in ihm das Gefühl, das er so sehr liebte, weswegen er nachts so gern dem unendlichen Himmel gegenüberlag: Er wurde Wurm und Riese; er wurde Staubkorn, er war das All.

So lag er.

Mit einem Abglanz des Gefühls schlief er ein.

Wie lange hatte er geschlafen, als ihn ein Klopfen aus der Ruhe riß?

Es war nicht laut gewesen, aber sofort war er munter; wieder hörte er es: ein Pinkern, unten von einem Stützpfahl herauf.

Und jetzt rief eine spröde Stimme: „He, Großspuriger, Zerfetzter, vom Wind Getriebener, bist du da?“

Jemand lachte überlaut auf. ,,Warum sollte ich nicht dasein?" schrie er. ,,Wird Zeit, daß du kommst. Tritt nur näher, Krummer, Nackter, elend im Gebüsch Liegender!"

Dem Tierpfleger erstarrte das Blut. Dann raste sein Herz. Vorsichtig richtete er sich auf, um durch eine Ritze nach unten zu spähen – ein Brett knarrte erschreckend laut.

Aber aus dem, was er sah, wurde er nicht klug: Ein heller unregelmäßiger Fleck geisterte zwischen den Pfählen herum und etwas Gebogenes, weiß Leuchtendes.

Er kniff sich in den Handrücken, stechend spürte er den Schmerz – wach war er also. Vorsichtig tastete er mit einer Hand zur Seitentasche seines Rucksackes – wieder knarrten Bretter –, er zog sein Jagdmesser heraus.

Die Waffe beruhigte ihn.

Im selben Augenblick vernahm er, wie sich unten, kaum hörbar, etwas gegen einen nächsten Stützbalken rieb.

Und eine helle Stimme rief: ,,Erschreckt nicht, ich bin's, der Lange, Einsame, am Ast Aufgehängte."

,,Wir und erschrecken?!" lachte wieder die überlaute Stimme, ,,wir kennen uns doch; nur heran!"

Der Tierpfleger sah einen länglichen Schatten in die Mitte schweben, bei den beiden anderen ließ er sich nieder.

Die laute Stimme, der Großspurige, Zerfetzte, der vom Wind Getriebene, schien wohl der Gastgeber zu sein.

Nur gut, daß ich hier hochgeklettert bin und nicht da unten liege, dachte der Tierpfleger.

Da polterte es gegen die dritte Stütze, daß der Turm erzitterte.

,,Großspuriger, Zerfetzter, hallo", brüllte eine volltönende Stimme, ,,bin ich der erste?"

,,Erster oder zweiter oder dritter", antwortete der ebenso laut, ,,Hauptsache, du bist da, Unsteter, Runder, hinterrücks ins Wasser Gestoßener."

Etwas Großes, Schwarzes wirbelte in den Kreis und nahm ebenfalls Platz.

Nun drang eine Weile nur Stimmengemurmel von unten herauf. Dann aber knisterte und raschelte es am vierten Eckpfahl.

„Natürlich", rief der Gastgeber, „die Weiche, Anschmiegsame, achtlos Fallengelassene, wie gewöhnlich zuletzt; mußtest dir wohl erst noch mit einer Brombeerranke die Haare kämmen?"

Unten wurde gekichert, die vier rückten zusammen: Etwas dunkelrot Glühendes wälzte sich in den Kreis.

Die Stimmen tuschelten. Dann schien es, als zeige jemand nach oben. Zwei lachten laut auf.

„Das gibt einen Spaß", rief die spröde Stimme.

Den Tierpfleger überlief es eiskalt; wollten die fünf etwa hochkommen?

Bevor er den Gedanken zu Ende gedacht hatte, pinkerte etwas Leuchtendes, Krummes die Leitern herauf und fuhr schon durch die Luke.

Der Tierpfleger war aufgesprungen, das Messer fest in der Hand.

Wild umkreiste ihn das Leuchtende, pinkerte über die Bretter, schoß ihm durch die Beine, lachte und schrie mit spröder Stimme: „Deine letzte Stunde, Mensch, hat geschlagen!"

Der Tierpfleger nahm all seinen Mut zusammen, er zwang sich zur Ruhe; einem aufgeregten Tiger oder Bären gegenüber war das der beste Schutz.

„Halt!" rief er. „Was willst du? Wer bist du?"

Tatsächlich, das Licht schien beeindruckt: Es stand still.

„Rat's, oder ich fahre dir in den Schlund und zerreiß dir die Kehle", rief es.

Und damit wirbelte es erneut um Herrn Jochmanns Kopf

herum. Der Tierpfleger stach nach ihm, trat, traf es aber nicht. Immer wieder mußte er ausweichen.

Das war doch der zuerst gekommene Besucher.

„Warum willst du mir ans Leben", stieß der Tierpfleger hervor, „du Krummer, Nackter, elend im Gebüsch Liegender?"

Kaum aber hatte er diesen Namen ausgesprochen, da verblaßte der Spuk, er schepperte zu Boden, und durch einen Spalt stürzte er den Turm hinunter; der Tierpfleger hörte, wie er auf Bretter und Balken aufschlug.

Zeit, sich zu wundern oder gar zu freuen, hatte er aber nicht, denn schon polterte der nächste die Leitern herauf, daß sie ächzten; ein großer, runder Schatten wirbelte durch die Luke, jagte auf den Tierpfleger zu. Der sprang zur Seite: In dem runden Körper sah er einen helleren Fleck – da mitten hinein stieß er sein Messer; stach aber trotzdem ins Leere.

„Ha", lachte eine volltönende Stimme, „ich stürz mich über dich, ich zersäge dich. Sag, wer bin ich?"

Das konnte nur der Unstete, Runde sein. Aber wie hieß er weiter?

Der Schatten stand jetzt als sich rasend drehender Kranz über ihm, und er senkte sich. Durch das Loch in der Mitte sah der Tierpfleger die Sterne. Schnell bückte er sich, sprang wieder zur Seite und stach.

„Der Unstete, Runde bist du, der hinterrücks ins Wasser Gestoßene." Gut, daß ihm das eingefallen war.

Der Schatten polterte auf die Planken, daß sie krachten, und ohne noch einen Laut von sich zu geben, sprang er über den Rand und stürzte in die Tiefe.

Das war eigenartig.

Der Tierpfleger schöpfte tief Luft, gern hätte er sich eine Minute ausgeruht. Aber schon zischte etwas Weißes, Gezacktes um seinen Kopf; er hatte gar nicht gehört, wie es heraufgekommen war.

Es raschelte und knisterte, streifte ihn. Und eine überlaute Stimme schrie: „Ich blende dich!"

Diese Stimme hatte sich der Tierpfleger am besten eingeprägt, sie gehörte dem Gastgeber. Und so rief er schnell: „Du bist der Großspurige, Zerfetzte, der vom Wind Getriebene."

Es stimmte.

Sanft, als wäre die Spukgestalt nie gefährlich gewesen, schaukelte sie durch die Luke hinab.

Nun bleiben mir noch zwei, dachte der Tierpfleger, wenn sie nicht inzwischen die Lust verloren haben.

Wie waren sie nur genannt worden?

Da spürte er, wie sich etwas um seine Füße wand, sich zusammenzog, löste...

„Ich rede nicht viel", rief ein sich windender Schatten mit heller Stimme. „Ich warne nicht erst großartig. Ich erdroßle dich."

Und schon glitt die Schlange an seinem Körper hinauf, sie legte sich um seinen Hals, zog sich zusammen.

Mit der freien Hand bemühte sich der Tierpfleger, den Würgegriff zu lockern. Er hielt die Schlange gepackt und zog, mit dem Messer wollte er vom Hals her hinter sie haken und sie zerschneiden. Aber enger und enger schnürte sie sich um ihn. Er bekam keine Luft mehr. Der Kopf drohte ihm zu zerbersten, die Augen quollen ihm heraus. Wie hatte der lange Schatten nur geheißen?

Wie nur?

Wie?

Der Tierpfleger schluckte, schmerzhaft schluckte er...

„Langer, Ein – samer, aam Ast Auf – ge – hängt...", röchelte er mit letztem Bewußtsein.

Im selben Augenblick löste sich der Druck. Gierig sog der Tierpfleger die Luft ein, aber noch immer war ihm schwarz vor Augen, und er konnte sich kaum auf den Beinen halten.

Als er wieder alle Sinne beisammen hatte, war auch dieses unheimliche Wesen verschwunden.

Aber die fünfte Gestalt, die größte, drängte sich gerade rot glühend durch die Öffnung. Sie stöhnte, ächzte, sie hatte große Schwierigkeiten. Dann stand sie wie eine Wand vor ihm. Und ebenso plötzlich krümmte sie sich und umschloß ihn, daß er kein Glied rühren konnte.

Mit unerwartet weicher Stimme sagte sie: „In mir stirbt es sich leicht."

Der fünfte Name?

Wie hatte nur der zuletzt gekommene Besucher geheißen?

Es war der einzige weibliche Gast gewesen, mit einer Brombeerranke hatte sie sich die Haare gekämmt.

Aus seiner Gruft rief der Tierpfleger: „Du bist die Weiche, Anschmiegsame, die achtlos Fallengelassene."

Da ging ein feines Knistern durch die Weiche, Anschmiegsame, sie öffnete sich, und lang wie sie war, fiel sie zurück und schlug über den Rand hinunter ins Dunkel.

Herr Jochmann sah dem verglühenden Riesenschatten nach. Dann lief er zu der Luke und spähte, ob vielleicht noch jemand käme. Aber nun blieb alles ruhig.

Er sah zum Himmel: Der Morgen dämmerte bereits.

Er trank einen kräftigen Schluck Rotwein. Müde und zerschlagen kroch er wieder in seinen Schlafsack.

Die warme Sonne erst weckte ihn.

Er frühstückte in aller Ruhe, packte seine Sachen und kletterte vorsichtig die Stiegen hinunter.

Unten sah er sich aufmerksam um; aber nur einen alten Zeitungsfetzen entdeckte er, der hatte sich in einer Huflattichstaude verfangen.

„Bist du etwa der Gastgeber, der Großspurige, Zerfetzte, der vom Wind Getriebene?" fragte ihn Herr Jochmann.

Es mußte so sein.

Der Tierpfleger setzte seinen Rucksack ab, um nach den anderen nächtlichen Ruhestörern zu suchen.

In die Richtung, in die der Stützpfahl wies, der ihm zunächst stand, stieg er den Hügel hinunter, und lange brauchte er nicht zu suchen: Unterhalb eines Weges, der an einem Bach entlangführte, lag halb im Wasser ein alter Autoreifen: der Unstete, Runde, hinterrücks ins Wasser Gestoßene.

Der Tierpfleger zog ihn heraus und rollte ihn den Hügel hinauf – hin zu dem Papier.

Dann ging er vom zweiten Pfahl aus auf die Suche: Er fand den Langen, Einsamen, am Ast Aufgehängten; in den Zweigen einer jungen Buche hing er: ein einzelner Damenstrumpf.

Mit einem Stock angelte er ihn herunter und trug auch ihn zum Gerüst.

Als nächstes fand er zwischen Brombeergestrüpp die Weiche, Anschmiegsame, die achtlos Fallengelassene: eine aufgeschlitzte rote Matratze, aus der Roßhaar quoll.

In der vierten Richtung mußte er lange suchen. Aber dann spürte er ihn doch auf, einen abgenagten Kotelettknochen: den Krummen, Nackten, elend im Gebüsch Liegenden.

Mit seinem Messer schnitt der Tierpfleger unter dem Gerüst ein viereckiges Stück Rasen aus, hob es ab und scharrte mit dem Deckel seiner Frühstücksdose ein Loch, tief genug, daß die alte Matratze, der abgefahrene Reifen, der einzelne Damenstrumpf, der abgenagte Knochen und der Zeitungsfetzen hineinpaßten.

Mit Erde und Rasen bedeckte er sie.

„Nun werdet ihr nicht mehr herumspuken und habt Ruhe", sprach er.

Er ging zum Bach und wusch sich. Dann huckte er seinen Rucksack auf, hängte sich die Kamera um und wanderte los, wie er es sich vorgenommen hatte.

An diesem Tag fotografierte er einen der seltenen Apollofalter, der auf einer gelben Wegeraukenblüte saß. Und er konnte mehrere Bilder von einem Maulwurf schießen, der ihm plötzlich über den Weg gelaufen war und sich neu eingrub.

Am frühen Abend stand er wieder vor der Gaststätte. Er überlegte, ob er hineingehen solle, um dem Wirt und vielleicht einigen Dorfbewohnern sein Erlebnis zu erzählen.

Aber er war kein Prahler.

Doch eine Nachricht mußte er ihnen wohl zukommen lassen. Auf der Vortreppe zum Gasthaus saßen zwei Mädchen, sie spielten mit ihren Puppen. Zu ihnen ging er und sagte, sie würden doch sicher den Gastwirt kennen.

Der Wirt war der Vater des einen Mädchens. Da bat er es, dem Vater Bescheid zu sagen, niemand brauche mehr abends oder nachts um den alten trigonometrischen Punkt einen Bogen zu machen.

Die Mädchen hatten neugierig zu ihm aufgesehen. Nun tuschelten sie, und immer wieder blickten sie scheu zu ihm.

Herr Jochmann sagte auf Wiedersehen.

Und er ging zum Auto, verstaute den Rucksack im Kofferraum und fuhr, den Mädchen noch einmal zuwinkend, davon.

Während der Fahrt freute er sich auf zu Hause: auf die Kinder, auf seine Frau und auf den gedeckten Abendbrottisch; er mußte sich beeilen, wollte er rechtzeitig heimkommen.

Mein kleines wildes Tier

Wir haben in der Stube gerade Abendbrot gegessen, nur der Kleine, der neben mir auf dem Sofa sitzt, ißt noch. Durch sein Schwimmtraining ist er später gekommen. Meine Frau und der Große sitzen in Drehsesseln. Natürlich flimmert die Fernsehkiste.

Ich stehe vom Sofa auf, nehme ein Buch aus der Schrankwand und sage: „Ich gehe rüber."

Karin sieht starr auf den Bildschirm.

Daß ich neuerdings bei Frühschicht schon um diese Zeit in mein Zimmer gehe, gefällt ihr nicht.

„Es kommt ein Film mit C. F.", sie sagt es betont gleichgültig.

„C. F.?" ruft der Kleine, „C. F. kommt an!"

Ah, der Gauner! Mit dem Ausruf will er festlegen, daß er aufbleiben und zusehen kann.

Das soll meine Frau entscheiden.

Ich halte das Buch hoch und sage: „Es hat mich gepackt."

Und mit den Ellbogen schiebe ich mir die Hose hoch; eine Bewegung, die Karin nicht ausstehen kann; erst hinterher denke ich daran. Der Kleine hat es gesehen, wir blinzeln uns zu, ich grinse.

„Nimm Geschirr mit!“ sagt meine Frau.

Das wollte ich gerade tun.

Ich stelle die leeren Tassen ineinander, die Untertassen übereinander, nehme Frühstücksbretter und Bestecke und gehe, das Buch unterm Arm, hinaus. In der Küche stelle ich die Sachen auf den Anbau des weiß gekachelten Grudeherds, der noch immer hier herumsteht, obwohl wir ihn schon lange nicht mehr benutzen. Und ich sehe auf meine Pantoffeln und überlege, ob ich sie nicht lieber gegen Turnschuhe austausche; Turnschuhe paßten besser zu meinem Vorhaben heute abend. Aber ich lasse es, meine Frau fände das sehr ungewöhnlich, sähe sie mich so.

Dicht über den Dielen schwebe ich zum Fenster.

Die Straße links – sie ist leer; rechts – niemand.

„Irrr, hopp!" rufe ich. „Los!"

Schräg nach oben jage ich aus dem Fenster. Über die Dachkante. An einem Schornstein vorbei. Ich rase hoch. Wind reißt an den Haaren. Luft pfeift durchs Läufergeflecht. Da, unter mir Lichter.

Lichter, Lichter, Lichter.

Und über mir Sternenschweife.

Ich reiße die Arme hoch und schreie; schreie, schreie. Ich schreie wie verrückt. Und ich schieße hinauf, hinab. Die Hose knattert um die Beine. Hoch über die Häuser jage ich hinweg und zurück, und ich schlage Roller. Immer wieder. Einen nach dem anderen – bis Erde und Himmel eins sind.

Außer Atem, ruhiger, gleite ich in einem weiten Bogen zum Kirchturm am Stadtrand – er ist der einzige Turm in der Stadt mit einem Wetterhahn. Meine Finger streicheln das kühle Metall.

Aber urplötzlich schreie ich wieder auf. Und ich rase von neuem hoch, schieße kreuz und quer, stehe schräg in engen Kurven, jage um einen rubinrot beringten Schornstein, tauche hinab in dunkle Straßenzüge und steige hinauf – steige, steige..., bis mir die Luft knapp wird. Da lege ich mich bäuchlings auf den Läufer und sehe hinunter auf die Lichtadern, die fließende, tropfende Leuchtreklame, die Straßenbahnraupen, die Autokäfer, auf müde blinzelnde Fabriken.

Aus der dunklen, unheimlichen Ebene außerhalb der Stadt schieben sich Autos mit aufgerissenen Augen heran.

Die geheimnisvolle Ebene reizt mich, aber über dem Licht fühle ich mich sicherer.

Dann schwebe ich doch über den Stadtrand hinweg. Und während ich mich an das Dunkel gewöhne, den gespannten

Schlaf der Erde unter mir spüre, bin ich froh, mich überwunden zu haben.

Diese Ruhe tut gut.

Über helle Stoppelfelder fliege ich, über umgebrochene schwarze Streifen, über Buschinseln, Haine. Still schimmert ein Fluß. Dann ein Dorf, in dem nur wenige trübe Lampen brennen. Wie hilflos nachts so ein Dorf von oben aussieht!

Aber wenn ich bedenke – noch vor zweitausend Jahren bedeckte ein riesiger Urwald das Land, die Menschen hockten in Hütten zusammen!

Da, jetzt der Schrei einer Frau aus dem Fernseher. In einem Sprung setzen meine Gedanken zurück. Es ist merkwürdig, aber auf meinem Läufer höre ich jedes Geräusch in unserer Wohnung. Noch ein paar laute Worte, dann wieder Stimmengemurmel.

Der Fluß unter mir windet sich. Nun der Wasserfall, an dem ich vorgestern abend saß. Ölgeruch wirbelt hoch. Ich lasse mich treiben: Felder, Hügel, Wege. Ein Flugzeug zieht rot und grün blinkend seine Bahn.

Und dann nähere ich mich dem Lichtteppich unserer Nachbarstadt.

Was will ich denn hier?

Am Stadtrand fallen mir Reihen von Scheinwerfern auf, aus denen grell das Licht stürzt.

Ah, das internationale Fußballspiel, das ich mir heute abend eigentlich im Fernsehen ansehen wollte. Wichtige Spiele sehe ich mir gern an. Ich habe früher in einer Schülermannschaft gespielt.

Nun liegt der Rasen unter mir: Blau- und gelbgekleidete Spieler prellen vor, hasten zurück; im Schatten, auf den Rängen, steigen Gesichterstufen an.

Lärm und Anfeuerungen jetzt – die Blauen stürmen: Das sind also unsere. Der Ball wird übers ganze Spielfeld geschlagen. Die Zehn täuscht den Gegenspieler. Kopfball. Der Ball fliegt zur Sieben, die frei vor dem Tor steht, ja, ganz frei steht sie: schießt – schießt vorbei.

Stöhnen von den Rängen.

Der Torwart liegt in der Ecke.

Verwandelt haben unsere schon immer schlecht.

Streichhölzer flammen auf, beleuchten Gesichter, Zigaretten glühen, eine Schnapsflasche blinkt schräg über einem hochgereckten Gesicht. Zwei Tauben flattern irr gegen die Scheinwerfer, schwenken ab, kehren wieder.

Das Spiel hat mich gefesselt.

Murmeln – der Gegner greift an.

An der Mittellinie, in Lauerstellung, sehe ich Heller. Hinten am Wirbel ist er ein wenig kahlköpfig, genau wie ich, und er sieht mir auch sonst ähnlich. Er ist ein Fuchs, ein Abstauber, wittert die Torchancen. Den meisten Gegenspielern läuft er trotz seines Alters davon.

Ecke vor unserm Tor.

Und da zuckt mir eine Idee durch den Kopf, eine verrückte Idee. Was, wenn ich Heller ersetze? Das wäre ein Stiefel! In so einem Spiel wollte ich schon immer mal auf dem Rasen stehen.

Ich horche auf die Fernsehstimme in der Stube – Liebesgeflüster.

Kurzentschlossen ziehe ich die lange Hose aus, streife den Pullover über den Kopf. Und ich beobachte das Spielfeld.

Und dann, während einer brenzligen Situation vor unserm Tor jage ich in Unterhose wie ein Schatten von hinten an Heller ran, fliege ihm in die Kniekehlen. Er schlägt rücklings auf den Läufer – da bin ich schon wieder oben.

„Mäuschen! Halt die Klappe! Rühr dich nicht!" sage ich.

Er gibt keinen Mucks von sich, liegt vollkommen starr. Ich reiße ihm den Dreß vom Leib, ziehe ihm die Töppen vom

Fuß; die Stutzen lasse ich ihm. Heller liegt bleich da, die Augen groß wie bei einem Eigentor. Ich werfe ihm meinen Pullover zu, rufe: „Hüte die Pantoffeln, bin gleich zurück!"

Und ich stoße zu der Stelle hinab, wo Heller gestanden hat, springe runter – den Läufer schicke ich hoch.

Da stehe ich also.

Das Licht beißt in die Augen, der Rasen unter mir schwankt. Hat jemand etwas gemerkt?

Menschenköpfe bis in den Himmel.

Mein Gegenspieler steht zehn Meter schräg vor mir.

Vorsichtig gehe ich ein paar Schritte, springe leicht. Aber da kommt der Ballschatten schon auf mich zu. So schnell wollte ich doch das Leder gar nicht haben. Ich springe hoch, mein Gegner ist bei mir, rempelt, ich köpfle den Ball über ihn hinweg, laufe um ihn herum. Das war gut gedacht, aber der Gelbe ist vor mir am Ball. Er foppt mich, umspielt mich, ich laufe nach; da gibt er schon ab.

Ich bin noch nicht warm.

Wieder werde ich angespielt. Diesmal komme ich erst gar nicht an den Ball ran. Noch dreimal laufe ich ihm nach, es wird langsam peinlich.

Dann stürmen wir auf der anderen Seite vor. Ich laufe mit, in den Strafraum rein. Die Flanke kommt, scharf und flach – noch einen Schritt: vor mir die Netzmaschen des Tores. Voll trete ich mit dem Spann gegen das Leder: getroffen. Ich habe getroffen! Aber fast über der Eckfahne segelt der Ball ins Aus.

Stöhnen, Pfuirufe...

Natürlich sehe ich auf meine Stiefel.

Dumpf klingt ein Sprechchor: „Üben! Üben!"

Ein Mitspieler sagt: „Na, Platte, den hätte meine Großmutter reingekriegt."

Platte nennen sie Heller also.

Ich suche einen stillen Fleck, von dem aus ich unbemerkt wegkommen kann.

Aber der Ball fliegt schon wieder auf mich zu, in Brusthöhe. Ich nehme ihn, will ihn abtropfen lassen, wie ich es oft gesehen habe, aber der Ball springt meinem Gegenspieler direkt vor die Füße. Der läuft mit ihm davon. Ich lasse ihn.

Allein stehe ich an der Mittellinie.

„Irrr, Läufer!" rufe ich. „Läufer!"

Er saust heran, ich springe auf.

„Du Nudel!" sagt Heller oben. „Du Riesennudel!"

Er sagt immer das gleiche, sehr intelligent scheint er nicht zu sein. Hastig streift er sich seine Sachen über. Ich setze ihn ab. Jetzt ist es mir egal, ob uns jemand sieht. Ich fliege davon.

Ich habe ein schlechtes Gewissen. Ich habe versagt. Ich könnte mir eine runterhauen. Ich möchte allein sein.

Am Schaltpult, auf der Arbeit, weiß ich schon immer vorher, wann die Kohlenmühle Überlast bekommt, das spüre ich, noch bevor das Amperemeter ausschlägt oder gar die Signallampe aufleuchtet.

Über hüglige Felder fliege ich. In der Ferne die lodernde Fackel eines Fabrikschornsteins.

Ganz einsam möchte ich irgendwo sitzen.

Ich denke an den Wasserfall, an sein angenehmes Rauschen, aber der ekelhafte Geruch würde mich stören.

Ein Waldhang wäre das richtige.

Ich denke an meine Frau, an ihr gebleichtes blondes Haar, das meist wirr ist, was ihr aber gut steht. Eigentlich mag ich sie, obwohl es auch Augenblicke gibt, in denen ich sie von ganzem Herzen verabscheue.

Gehört Verabscheuen zum Gernhaben?

Wieder ein Dorf unter mir. Hochspannungsmaste.

Und jetzt geht der Mond auf: ein Napf, schräg angekippt, als stünde ein Hund mit den Vorderbeinen drin.

Die Luft wird frischer; sie schmeckt nach Erde, Harz und hartem Sommerlaub.

Ich fliege über Wälder. Ich folge den Windungen eines Tales, eines Baches. Matt glänzt das Laub an den Bäumen.

Auf einem Hang, der allmählich in das Tal abfällt, entdecke ich eine Lichtung, umrahmt von Laubbäumen; nur an einer Seite grenzt schwarzer Nadelwald.

Tiefer schwebe ich. Und dann sehe ich, die Lichtung ist eine Schonung: Reihen junger Fichten ziehen sich den Hang hinunter, von Gras und Brombeeren fast überwuchert.

Dicht unter dem Kamm, vor weit auseinander stehenden, hohen Buchen, lande ich.

Gras knistert.

Der Wald steht starr.

Ich spähe in das Dunkel zwischen den Bäumen. Ein

Knacken an meiner Seite – ich fahre rum. Rascheln. Ich starre in den Graspelz.

Nichts.

Eine Brombeerranke. Daneben eine junge Fichte.

Noch immer stehe ich auf dem Läufer. Am liebsten würde ich jetzt aufschweben, zwei Meter über der Erde anhalten, mich dort setzen.

„Feigling!“ sage ich laut.

In meinen Pantoffeln trete ich ins Gras, zupfe eine Ähre aus dem Halm. Und wieder starre ich in den Buchenwald, in das geisterhafte Dunkel.

Aber nirgends Gefahr.

Ich drehe mich um. Mein Blick schweift den Hang hinunter, über die Wipfel der Buchen unten, zu dem Talhang gegenüber, zum Himmel, zu den Sternen; am ungewöhnlich großen Mondhorn bleibt er hängen.

Ein schwaches Zirpen jetzt. Eine Grille.

Wieder ein Rascheln. Eine Maus? Ein Igel? Ein Fuchs? Vielleicht ein tollwütiger Fuchs!

Die Geräusche sind sehr ungewohnt.

Sie sind unheimlich.

Und plötzlich will ich weg. Schnell weg.

Wütend über meine Angst, bücke ich mich, hebe den Läufer an und rolle ihn zusammen. Ich klemme ihn unter den Arm und stapfe bergan durch das Gras. Laut bricht ein Ast unter mir; das stört mich nicht. An einer Buche werfe ich den Läufer nieder und lehne mich an den silbrigen Stamm. Ich will das Tal, die Ruhe in mich einsaugen. Ich starre vor mich hin. Mit einer Hand fahre ich langsam über die Rinde: Sie ist nicht so glatt, wie ich sie immer glaubte, kleine fasrige Punkte spüre ich; an einer scharfkantigen Narbe zucke ich zurück.

Und so stehend, sehe ich über das Tal. Ich trinke die Stimmung.

Wieder ein Rascheln – ich erschrecke. Und ich spucke aus. Trotzdem bleibe ich unsicher.

Mit den Ellbogen schiebe ich die Hose hoch. Ich beschließe, in den Wald hineinzugehen.

Ich nehme den Läufer auf und suche einen Stock. Im Gras liegt ein verkrüppelter Buchenast, doch er zerbricht wie Zunder. Ich finde einen entasteten Jungfichtenstamm, der unten schräg abgehauen ist; den nehme ich.

Noch einmal blicke ich den Hang hinunter.

Dann steige ich vorsichtig in den Buchenwald hinein. Das Gras geht mir bis über die Knie, Brombeerzweige zerren an der Hose.

Ich stoße auf einen Waldweg mit ausgefahrenen Gleisen, zwischen denen ebenfalls Gras wächst, aber niedriger. Dem Weg folge ich. Fünf, sechs Meter weit kann ich sehen. Rechts und links steht dichtes Himbeergesträuch. Mit dem rechten Pantoffel patsche ich in eine Pfütze. Fluche. Gehe weiter. Ein Wind haucht kurz durch die Baumkronen. Ich verharre, lausche dem feinen Klirren nach.

Als ich weitergehen will, stocke ich mitten im Schritt: Ein paar Meter vor mir steht ein großes schwarzes Tier. Mein Nacken steift sich, die Arme winkeln sich ab, die Brust – jetzt zerplatzt sie...

Auch das schwarze Tier ist erschrocken. Es sichert. Aber jetzt bewegt es sich. Es kommt auf mich zu.

Ich werfe den Läufer auf die Erde. Mit dem Fuß stoße ich die Rolle auf.

Das Tier steht wieder.

Es könnte ein Keiler sein. Aber weder schnaubt noch grunzt er.

Und jetzt glaube ich, daß sich der Schatten gar nicht bewegt hat, daß er noch immer so steht, wie ich ihn zuerst gesehen habe. Ist es gar kein Tier? Ist es vielleicht ein Unkraut?

Auf dem Läufer könnte ich hinfliegen.
Ich packe den Knüppel.
Mein Tier, das wilde Tier in mir fiebert.
Ich gehe.
,,Schscht!" mache ich.
Das schwarze Tier steht vollkommen erstarrt.
Ich gehe noch einen Schritt.
Noch einen.
Da höre ich vom Läufer her das Klappen der Stubentür. Und ich höre den Großen laut rufen: ,,Ich bin erster."
Verdammt, ich muß schnellstens nach Haus.
Mit einem Sprung setze ich zurück auf den Läufer. ,,Irrr!" schreie ich. Über den Weg jage ich aus dem Wald hinaus. Ich rase heimwärts. Die Luft preßt sich in die Lungen, schmerzhaft flattern die Haare. Da ist schon die Stadt. Ich stürze hin-

ab, durchs Fenster. In dem dunklen Zimmer schiebe ich den Läufer zurecht, setze mich, schlage die Decke wieder um die Beine, streiche die Haare zurück.

Die Kinder albern während des Waschens im Bad rum, Karin schimpft. Die Tür geht auf, Karin knipst das Deckenlicht an, ich blinzle mit den Augen; die Pantoffeln stecke ich unter die Decke.

„Im Dunkeln sitzt du, bei offenem Fenster?"

„Ja", sage ich, „brauchte ein bißchen frische Luft."

Mein Ton ist abweisend. Ich denke an das fremde Tier. Wenn ich ehrlich sein soll, muß ich zugeben, ich war froh, daß ich einen Grund gehabt hatte, abzuhauen.

Ich ärgere mich über meine Feigheit.

Ach, was für ein elender, erbärmlicher Mann bin ich nur!

Morgen oder übermorgen werde ich in den Wald zurückkehren.

Die beiden Jungen kommen reingestürmt.

„Gute Nacht, Paps!" rufen sie.

Der Große gibt mir die Hand, der Kleine umarmt mich. Ich gebe beiden einen Schlag auf den Hintern. „Hü!" rufe ich. Wie Pferde galoppieren sie hinaus.

Meine Frau kommt zu mir.

„Soll ich dir das Bett machen?" fragt sie.

„Nein", erwidere ich.

Ich will mich nicht bedienen lassen. Und ich will jetzt allein sein.

Sie beugt sich zu mir, küßt mir die Wange, sucht den Mund. Meine Lippen sind ein Strich. Ich streichle ihr den Arm, aber so, daß sie merkt, sie soll gehen.

Beleidigt sagt sie: „Gute Nacht!"

„Ja", sage ich, „ebenfalls."

An der Tür fragt sie: „Soll ich das Licht ausknipsen?"

„Nein."

,,Morgen ist Elternabend beim Großen."
Elternabend, das ist meine Sache.
,,Ah, ja", antworte ich, ,,das klappt ja diesmal mit der Schicht."
Sie geht.
Mein Benehmen tut mir leid.
Die Kinder toben in ihrem Zimmer. Meine Frau schimpft wieder. Dann klappert sie in der Küche mit dem Geschirr, stellt es wohl zusammen.
Es wird still.
Später stehe ich auf und gehe ins Bad, wasche mich in aller Ruhe, putze mir die Zähne.
Als ich vom Korridor aus in mein Zimmer zurückgehen will, die Klinke schon in der Hand habe, ganz plötzlich überlege ich es mir anders, schwenke ab und gehe in die Stube. Karin hat das Licht bereits gelöscht. Die Fensterflügel stehen leicht geöffnet. Ich taste mich zur Couch hin. Ich setze mich auf den Rand.
Da erst sehe ich, Karin ist nicht da.
Sie liegt nicht auf ihrer Couch.
Wo ist sie?
Ich renne zur Tür, rufe leise: ,,Karin?!"
Ich renne zum Kinderzimmer. ,,Karin!"
,,Was ist denn?" fragt der Kleine. In seiner Stimme zittert ein Abgrund.
,,Ach, nichts", sage ich. ,,Schlaft schön!"
Ich sehe in die Küche.
Karin ist weg.
Karin ist nicht da.
Das Fenster! In der Stube! Es ist nur angelehnt!
Hat sie etwa auch einen Läufer?
Ich bin bestürzt. Und wütend. Und dann werde ich eifersüchtig. Hat sie einen Liebhaber?

Wenn sie einen Liebhaber hat, könnte ich sie umbringen.

Ich setze mich auf die Couch. Mit großer Kraft zwinge ich mich zur Ruhe.

Dann stehe ich auf und gehe in mein Zimmer.

Später werde ich wieder zu ihr hineinsehen.

Wir müssen unbedingt miteinander sprechen.

Pepy

Hoch über der Straße schwebte ein Pappelsamen. Er trieb in die Nähe einer Oberleitung; eine Straßenbahn kam: Aus ihrem Bügel sprang ein Funke: direkt in den Samen: Herunter fiel ein kleiner Mann – ganz nackt.

Da saß Pepy verdutzt zwischen den Gleisen, das rechte Bein tat ihm weh.

Von einer nahen Kreuzung jagte ein Rudel Autos heran, ihre Motoren überdrehten, Reifen schlirrten.

Am liebsten hätte sich Pepy in einen Spalt verkrochen.

Er saß in einer blauen Wolke.

Die Ampel sperrte den Verkehr wieder. Da sprang Pepy auf. Eilig humpelte er zum Gehweg; aber der Bordstein, den er hinaufklettern wollte, war viel zu hoch. Im Rinnstein lief er bis zu einer Auffahrt. Zwischen den Beinen der Menschen und den Rädern eines Rollers hastete er zum nahen Parkrand. Er drang in ein Schneebeerengebüsch ein; tief und tiefer bahnte er sich einen Weg... Unter einem Holunderstrauch warf er sich erschöpft auf den Boden.

Er schlief sofort ein.

Aber er schlief nur ein Auge voll. Durch eine Berührung wurde er aus dem Schlaf gerissen. Und als er aufblickte, sah er in die acht schwarzen Augen einer Spinne; sie hielt ihn gepackt und hob ihn empor und schleuderte ihn auf ein Gespinst zwischen dem Fallaub: Mit einem Biß wollte sie ihn dort lähmen.

Bin ich vor Schreck nicht tot?! durchzuckte es Pepy.

Das war er nicht.

Irgendwoher fühlte er in seiner Hand einen Knüppel – eigentlich nur ein kleiner Zweig –, den packte er, und er sprang auf, daß die Fäden rissen, und er spießte die Spinne an den rissigen Holunderstamm.

„Laß mich leben!“ rief die Spinne entsetzt. „Laß mich leben!“

„Und du, wolltest du mich leben lassen?“

„Ja, ja!“ log sie.

Pepy drückte stärker.

„Ich möchte leben!“ ächzte die Spinne. Sie rief: „Ich könnte dir Kleider spinnen.“

„Kleider? Eine Hose vielleicht?“

„Ja.“

„Und einen Pullover?“

„Ja.“

„Eine derbe blaue Hose und einen roten Pullover?“

„Ja. Ja. Ja.“

„Gut“, sagte Pepy, „dann ohne viel Worte ran an die Arbeit.“

In ihrer Not spann die Achtbeinige tatsächlich farbig.

Aus Bast paßte sich Pepy in der Zwischenzeit Sohlen an die Füße, darüber mußte die Spinne Bänder weben. So kam er gleichzeitig zu einem Paar solider Sandalen.

„Danke“, sagte er, nachdem er alles angezogen und an sich hinuntergesehen hatte.

Er gefiel sich.

Und er lachte, täuschte mit seinem Stock einen Angriff vor. „Lauf! Lauf! Lauf!“ rief er.

Die langen Beine der Spinne verhedderten sich fast, so schnell stakelte sie davon.

Leider rutschte Pepy bei dem Angriff die Hose.

Von einem trocknen Zweig schälte er einen Bastgürtel ab, den wand er sich um die Hüften; die Waffe steckte er schräg hindurch.

„So", sagte er, „nun kann ich mich wohl umsehen auf der Welt."

Über ihm schwirrte ein Fink durch die Luft hinweg: In die Richtung ging er auch.

Unter Unkräutern wanderte er und durch hohes Gebüsch; er mußte auf der Erde liegende Äste umgehen und himmelhohe Bäume.

Und er begann zu singen, Silben, einfach so vor sich hin: Schön klang es nicht, aber es machte ihm Spaß.

Nach einigen Stunden gelangte er an eine große Wiese, die war ganz kurz geschoren; Gänseblumen bogen sich von der Erde auf, Löwenzahn wucherte. Weit hinten, verschwommen, sah Pepy eine Buschinsel, die wirkte sehr geheimnisvoll. Er mußte immer zu ihr sehen.

Ich will mir ein Bein brechen, dachte er, wenn ich dort nicht etwas sehr Wichtiges, wenn ich dort nicht vielleicht sogar mein Glück finde.

Was sein Glück sei, wußte er allerdings nicht.

Ohne zu zögern, trat er hinaus auf die Wiese. Er marschierte und marschierte; Käfer, die mit sich selbst beschäftigt waren, krabbelten ihm über den Weg, kleine Fliegen umsummten ihn. Eine Hummel hielt ihn wegen des roten Pullovers für eine Blume, erkannte aber schnell ihren Irrtum.

Pepy ging bis spät in die Nacht hinein, trotzdem schaffte er nur die Hälfte des Weges. Mitten auf der Wiese, unter einem Sauerampferblatt, übernachtete er. Dort war es unbequem und kalt.

Als am nächsten Morgen in der Stadt die ersten Motoren aufbrummten und ein Vogel in der Nähe aufpiepste, reckte er sich und stand auf.

Er trank einen Schluck Tau – der sättigte ihn.

Und er schüttelte sich die Steifheit aus den Beinen und setzte seinen Weg fort.

Gegen Mittag, er hatte die Buschinsel noch immer nicht erreicht, stöberte ihn ein Pudel auf. Der war ganz weiß, trug ein rotes Halsband, und die Krone stand ihm hoch aufgebürstet. Im ersten Moment war er vor Pepy zurückgeschreckt, als er aber genauer sah, was für ein Wurm da vor ihm im Gras kroch, wollte er ihn aus Spaß durchbeißen.

„He, langsam! Langsam!" rief Pepy.

Der Hund knurrte sich wütend – sogar bei dem kleinen Pepy mußte er sich erst wütend knurren.

„Beiß dich in den Schwanz!" sagte Pepy, den Stock ziehend; er spürte keine Angst.

Da sprang der Pudel. Er schnappte zu. Pepy aber stach ihn in die schwarzglänzende Nase: Das riesige Tier jaulte auf, federte starrbeinig durch die Luft zurück und jagte zu seiner Herrin. Das war eine schöne junge Frau mit grau gefärbtem Haar. Bestürzt nahm sie ihr Hündchen auf, sie streichelte und küßte es und sprach von einer bösen, bösen Biene.

Pepy lachte laut. Voller Übermut schlug er gegen das Gras. So ein Ungeheuer, und im Handumdrehen hatte er es besiegt.

Ich bin doch ein ganzer Kerl, prahlte er.

Gegen Abend erreichte er gut gelaunt das Gebüsch.

Alle Sinne angespannt, bahnte er sich einen Weg: Buschruten, altes Fallaub, einzelne Bäume. Seine Augen suchten: Unkräuter, Insekten, trockne Äste. Die Augen sprangen umher: Aber so scharf er auch spähte, alles war ähnlich wie in dem Gebüsch, aus dem er kam.

Kreuz und quer durchforschte er die Insel.

Sollte denn hier nichts anders sein?

Das Kinn sank ihm auf die Brust.

Es war das langweiligste Gebüsch der Welt.

Es wurde dunkel. Was sollte er tun? Noch immer suchte er. Er stieß auf eine alte Konservenbüchse. Die polsterte er mit Laub und Gras aus, so kam er wenigstens zu einem bequemen Nachtlager.

Am nächsten Morgen durchstöberte er das Gebüsch erneut. Doch es blieb dabei, er fand nichts Außergewöhnliches.

Und so viel hatte er sich von der Insel erhofft.

War das eine Enttäuschung!

Pepy dachte: Wohin soll ich nun noch gehen? Wird nicht jeder Ort, wird nicht jeder beliebige andere Platz auf der Welt genauso langweilig sein wie dieser hier?

Willenlos schleppte er sich weiter über eine Wiese. Er trank zwei Schlücke Tau, stolperte durchs Gras.

Je länger er aber lief, siehe, um so mehr verlor sich sein Mißmut. Und schließlich mußte er über sich selbst lachen. ,,Was bin ich doch für ein Dummkopf! Was für ein Hohlkopf!" schimpfte er sich frei. ,,Weil ich an einem Ort nicht finde, was ich mir vorstelle, zerfließe ich vor Enttäuschung. Nein, sicher hab ich Wind im Kopf."

So wetterte er und wurde dabei immer froher. Und schließlich war er so überschwenglich, daß er sich vornahm, sich von niemandem und nichts mehr entmutigen zu lassen.

Nie, nie, nie!

Da stieß ein Schatten auf ihn herab. Flügel klatschten. Pepy riß den Kopf zurück. Er starrte hoch zu den gekrümmten Krallen eines großen Vogels; er warf sich zur Seite, sprang wieder auf.

Es war eine Krähe.

,,Ha, du kommst mir gerade recht", rief er.

Die Krähe, die hungrig war, achtete nicht auf seine Worte, sie hackte nach ihm.

Pepy wich aus.

,,Überhaste nichts!" lachte er.

Und er stieß seine Waffe gegen ihre Brust, hieb gegen ihr Bein.

,,Da", rief er, ,,und da!"

Gras und Erde flogen.

Es wurde ein schrecklicher Kampf.

Als die Krähe wieder einmal wütend den Schnabel aufriß, stieß Pepy seinen Stock hinein und klemmte ihn fest.

Verdutzt, das Hornmaul sperrangelweit offen, stand die Krähe da.

Pepy klatschte sich auf die Schenkel. ,,Siehst du."

An einem Grasbüschel versuchte die Krähe den Stock herauszustreifen, der aber saß fest.

„A-a, a-a, a, a-a“, krächzte sie schließlich.
„Bitte?“ fragte Pepy.
„Atte, alo asch ader!“
„Ich verstehe kein Wort.“
„Itte, erlös ich ieder!“
„Und du, wirst du mich danach nicht mehr belästigen?“
Die Krähe bejahte.
„Mich nie wieder angreifen?“
„Nein, nein“, schüttelte die Krähe heftig den Kopf.
„Ich will es glauben“, lachte Pepy.

Und er packte den Stock und zog, der aber saß so fest, daß er ihn zerbrechen mußte. Er befürchtete, die Krähe würde seine Wehrlosigkeit nun ausnützen. Aber sie sagte: „Du hast mich besiegt und mir trotzdem das Leben gelassen, das ist sehr ungewöhnlich. Wie kann ich dir danken?“

Wie sie ihm danken könnte, das wußte Pepy nicht.
„Irgendwie möchte ich danken“, beharrte die Krähe.
Pepy brauchte nichts von ihr.
Sie standen sich gegenüber.
Es war peinlich.

Die Krähe war ein so kleinherziges Tier, sie glaubte, mit einem schuldig gebliebenen Dank nicht leben zu können.

„Na, dann vorerst einmal vielen Dank“, sagte sie endlich, „vorerst einmal und auf Wiedersehen.“

Pepy wollte sie nicht wiedersehen.

Er brauchte von der Krähe nichts, er brauchte von niemandem etwas.

Und was er brauchte, das würde er sich schon selber beschaffen.

Auf der Wiese sah er sich nach einer neuen Waffe um, aber Zweige lagen hier nicht. Erst als er einen Weg überquerte, auf dem ein alter Mann näher kam, entdeckte er die Speiche von einem Kinderwagen.

Das war eine viel bessere Waffe: Wer wollte es nun noch mit ihm aufnehmen!

Gegen Abend gelangte Pepy an einen runden Teich. Ein Schwan, Wildenten und Möwen schwammen auf ihm. Ringsum war Wiese, und nur ein Baum, eine Lärche, stand am Wasser. Unter die setzte sich Pepy.

An den Wolken schob sich die Dunkelheit über den Himmel, die Möwen und Enten flatterten auf und flogen davon, Fische begannen im flachen Wasser zu plätschern, verzerrt spiegelte sich ein Schornstein mit roten Warnringen im Teich; es saß sich gut an dem frischen Wasser.

Ohne es zu wollen, schlief Pepy ein.

Doch er schlief nicht fest, leichte, schlürfende Schritte weckten ihn. Pepy lauschte. Vorsichtig erhob er sich, schlich gespannt um den Baum herum.

Ah, wie riß er die Augen auf: Mädchen sah er, genauso groß wie er; in kurzen Kleidern tanzten sie im Kreis: eine mit einem Grashüpfer, die zweite mit einem Zitronenfalter, eine dritte mit einem Hirschkäfer...

So etwas!

Und das schönste Mädchen tanzte mit einer Eidechse in der Mitte.

Sie sprangen, wiegten die Körper, schoben die Schultern, ihre Arme züngelten im Takt: Es gefiel ihm.

Dann aber bemerkte Pepy, daß alle das Tanzen des Pärchens in der Mitte nachahmten – verkrampft.

„Da staunst du, nicht wahr?“ sagte eine Stimme neben ihm.

Pepy fuhr herum: Es war eine Ameise; die Wächterin eines großen Staates. Eigentlich hätte sie in ihrem Bau hinter dem Eingang wachen müssen, aber der Abend war so warm, und sie war neugierig.

„Ja“, gab Pepy zu, „ich staune. Aber wonach tanzen sie? Es spielt doch gar keine Musik.“

,,Du hörst nichts?"
,,Nein."
,,Sie tanzen nach der Stadtmusik", sagte die Ameise.

Und tatsächlich, jetzt, nachdem das kleine gepanzerte Tier Pepy darauf aufmerksam gemacht hatte, nahm er wahr, wie melodisch das Dröhnen, Stampfen, Summen und kurze Hupen aus der Stadt zu ihnen in den Park klang. Er hatte es vorher nie beachtet.

,,Aber", fragte er weiter, ,,warum tanzen alle wie das Paar in der Mitte?"

,,Sie ist die Chefin, sie müssen ihr nachtanzen."

,,Nachtanzen?"

,,Ja", sagte die Ameise.

Und weil Pepy so interessiert fragte und sie gern erzählte, berichtete sie ihm aus der Ameisenchronik die Geschichte der Mädchen:

,,Noch vor vier und vier und drei Sommern", sagte sie, ,,war die Vortänzerin eine Prinzessin. Aber die Prinzessin hatte nach der Stadtmusik nur Reigen getanzt; dadurch waren die Mädchen so abgemagert, daß sie fast gestorben wären. In dieser Not haben sie die Prinzessin davongejagt, die beste Tänzerin aber zu ihrer Chefin gewählt. Und jeder sollte sich nun nach der Stadtmusik bewegen, wie er sie empfand; so wollten sie immer neue Schritte und neue Tänze finden. Nie wieder sollte es ihnen so ergehen wie mit der Prinzessin und dem Reigen. Und immer die beste Tänzerin sollte die Chefin sein."

,,Klingt vernünftig", warf Pepy ein.

,,Ja, unter ihnen ist aber ein Mädchen herangewachsen, das so leidenschaftlich gern und dabei neu und eigensinnig tanzte, daß sie zuerst alle befremdete, später jedoch die meisten meinten, sie tanze ja viel besser als die Chefin, sie müsse diese ablösen. Da hat sich die Chefin mit der Eidechse verbündet, hat das Mädchen vom Tanz ausgeschlossen, und seitdem muß jeder ihre Bewegungen nachtanzen."

„Erbärmlich!"

„Ja", sagte die Ameise. „Das Mädchen aber, Federfuß, sieh, dort unterm Busch sitzt sie."

Ein Stück entfernt, im Schatten einiger Büsche, sah Pepy einen hellen Fleck – das Kleid, darüber verschwommen ein Gesicht, eingerahmt von dunklem Haar.

„Mm", brummte Pepy. Aber plötzlich lachte er auf und sagte: „Das scheint ja ein Fall für mich zu sein."

Und er warf den Kopf zurück und schritt, ohne sich weiter um die Ameise zu kümmern, quer über die Wiese auf Federfuß zu.

Sie sah ihm entgegen.

Sie war nicht ganz so schön wie die Chefin, aber ihr Gesicht war zehnmal anziehender.

Pepy verbeugte sich. „Woll'n wir tanzen?" fragte er.

Ungläubig starrte sie ihn an.

„Komm!"

„Nein", erwiderte sie.

„Ich weiß, daß du ausgestoßen bist."

Niemand tanzte mehr.

Die Chefin, alle starrten zu ihnen.

Da erhob sich das Mädchen.

Plötzlich lachte die Chefin grell auf. „Beiß ihn tot!" befahl sie der Eidechse. „Los, töte ihn!"

Die Eidechse verbeugte sich. Geschmeidig schlängelte sie auf Pepy zu, wurde aber immer langsamer, je näher sie kam. Schließlich verharrte sie. „Er hat eine Waffe."

„Beiß ihm den Kopf ab!"

Pepy hielt den Spieß.

Die Eidechse kroch noch eine Schlängelwelle näher. Dann sagte sie: „Nein, nicht jetzt, am Tage werde ich mit ihm

kämpfen; die Licht- und Temperaturverhältnisse, sie sind jetzt nicht günstig."

„Zerreiß ihn!" kreischte die Chefin.

Aber die Eidechse rührte kein Glied.

Da wandte sich die Chefin unerwartet freundlich an Pepy: „Komm, Kleiner, amüsieren wir uns."

Doch Pepy beachtete sie nicht.

„Tanzen wir?" fragte er das Mädchen.

Federfuß konnte es nicht glauben. Ein wenig lächelte sie. Pepy nahm ihre Hand. Er ging zum Kreis; das heißt, er wollte mit ihr zum Kreis gehen, aber Federfuß ging keinen Schritt mit. Verwundert wandte sich Pepy um. Er zog sie leicht, da kippte sie beinahe.

Er fragte: „Hast du Angst?"

„Nein." Sie bemühte sich verzweifelt, einen Fuß von der Erde zu lösen. Sie zog, stellte sich schief; aber wie verwurzelt haftete sie fest. Plötzlich sah sie Pepy erschrocken an. „Hast du ein Herz?“ fragte sie.

„Ein Herz?“

„Ja.“

„Was ist das, ein Herz?“ fragte Pepy.

Er hatte kein Herz. Er besaß keins, deshalb konnte Federfuß keinen Schritt mit ihm gehen.

In ihr Gesicht und tief in sie hinein fiel die Trauer. Trotzdem lächelte sie, und sie bedankte sich bei Pepy für seine Hilfswilligkeit.

„Er hat kein Herz! Er hat kein Herz!“ lachte laut die Chefin.

Die Mädchen und die Tänzer murrten.

„Komm zurück!“ befahl die Chefin der Eidechse.

„Ich habe gefühlt, daß er kein Herz hat“, sagte die Echse; „mit so einem zu kämpfen ist Selbstmord.“

„Ja, das ist Selbstmord“, lachte die Chefin; sie lachte erleichtert und auch über die Eidechse. Die verbeugte sich höflich vor ihr, und die beiden setzten den Tanz fort.

Und die anderen?

Nun, widerwillig tanzten sie ihnen nach.

„Kannst du mir sagen“, fragte Pepy das Mädchen, „wo ich ein Herz bekomme?“

„Nein, das weiß ich nicht. Ein Herz bekommt man nicht einfach so. Man kann es nicht kaufen, nicht eintauschen, und geschenkt bekommt man es schon lange nicht. Man hat ein Herz, oder man hat es nicht; wie überhaupt ist es möglich, daß du lebst?“

Die Frage konnte Pepy nicht beantworten. Trotzig sagte er: „Ich werde mir ein Herz beschaffen.“

Mehr zu sich sagte Federfuß: „Vielleicht lebt es sich ohne Herz viel leichter“, lauter setzte sie hinzu: „Noch einmal danke und alles Gute.“

Pepy ging.

An der Lärche fragte er die Ameise, die natürlich alles beobachtet hatte, ob sie wisse, wo er ein Herz bekommen könne.

Sie bedauerte.

Er fragte die Fische im flachen Wasser.

Sie hatten auch keine Ahnung.

Er fragte einen Glühwurm.

Der war vollkommen überfragt.

Am nächsten Morgen erkundigte er sich bei dem Schwan.

Der jedoch antwortete ihm erst gar nicht.

Er fragte die Möwen.

Mit Schuppen oder Gräten könnten sie ihm dienen, aber ein Herz...?

Wieder marschierte er über eine Wiese. Jeden, den er traf, fragte er: die Drossel, eine Gänseblume, den Maulwurf, den Harlekinbock, eine wildernde Katze.

Man antwortete ihm höflich, denn sein Mut hatte sich bereits herumgesprochen; aber niemand konnte ihm helfen.

Er fragte einen Schäferhund, eine Birke, ein Wildkaninchen, die Brennesseln...

Im Schatten einer Eiche, die auf der Wiese stand, mühte er sich durchs Gras.

„Kroah! Kroah! Du siehst sehr bedrückt aus", rief da die Krähe vom Baum herab.

„Ja", sagte Pepy im Weitergehen.

„Kann ich was für dich tun?"

„Nein", antwortete Pepy. „Oder: Kannst du mir zu einem Herzen verhelfen?"

„Zu einem Herzen? Nein."

„Das habe ich mir gedacht."

Ein Herz zu bekommen, das war doch viel schwerer, als Pepy es sich vorgestellt hatte. Er spielte mit dem Gedanken, die Suche einfach aufzugeben. Warum wollte er denn ein

Herz haben? Aus Trotz? Nein, Trotz war nicht der einzige Grund. Welche Gründe gab es noch? Neugier, wie man mit einem Herzen lebt?

Er beschloß, weiterzugehen und weiterzufragen, wenn's sein mußte, bis er umfiele.

Er fragte eine Pusteblume.

Die ließ ein paar Samen davonschweben. ,,Sieh einmal, wie schön!" sagte sie.

Später fragte er eine Wolke.

Die zerfloß gerade.

Da glitt krächzend die Krähe heran, dicht vor ihm schlug sie mit den Flügeln, spreizte die Schwanzfedern und lief unbeholfen aus. ,,Ich kann dir helfen", sagte sie großspurig.

Sie hatte sich bei ihrem Ur-Ur-Urgroßvater erkundigt. ,,Du mußt zu den Ratten gehen, zu den lichtscheuen Ratten", sagte sie, ,,nur sie können dir geben, was du suchst. Sie können dir ein Herz einsetzen; es muß aber das Herz einer neugeborenen Ratte sein."

,,Und sie setzen mir so ohne weiteres ein Herz ein?" fragte Pepy.

Nein, sie hülfen ihm nur, wenn es ihm gelinge, zum Anführer vorzudringen und von ihm als Gast aufgenommen zu werden. Dann könne er sich wünschen, was er brauche, die Ratten könnten es ihm nicht abschlagen; das sei bei ihnen so üblich.

Und wo er die Ratten finde.

Im unterirdischen Kanal, der von der Stadt her am Parkrand in den kleinen Fluß münde. In diesem Kanal müsse er zwei Ratten fangen und sich einen Tag in ihrer Nähe aufhalten, um ihren Geruch anzunehmen; dann müsse er sich von ihnen zum Anführer bringen lassen, wie, das wisse sie nicht. Und sie könne ihm sagen, bis er die Ratten wieder verlasse, habe er nichts zu befürchten.

Sie beschrieb Pepy den Weg.

Pepy dankte.

,,Ja, ja, schon gut", meinte die Krähe herablassend, ,,nun sind wir quitt.

Pepy ließ sie stehen, er schritt kräftig aus.

Aber wie fange ich zwei Ratten? fragte er sich.

Er fand einen Knopf. Einen Knopf brauchte er nicht.

Aber halt, war das nicht ein Rad für einen Wagen, auf dem er sich zu den Ratten fahren lassen konnte?

Am übernächsten Tag, als er das unsaubere Wasser des Flusses bereits roch, stieß er auf eine Rolle dünnen Draht.

Der brachte ihn auf den Gedanken, Schlingen auszulegen.

Wie es die Krähe beschrieben hatte, fand er die Brücke, die über den Fluß zur Stadt führte. Auf der Böschung, die von der gepflasterten Straße abfiel, wuchsen Bäume und Sträucher.

Unten stand Pepy vor dem schweren Gitter, das den Kanal zum Fluß hin absperrte. Das Licht drang hilflos in den Tunnel. Aus den Fugen des Backsteingewölbes hingen Wurzelfasern, in einer Rinne stand Wasser.

Pepy konnte durch das Gitter bequem hindurchgehen. Er legte die Schlingen aus. Wieder draußen auf der Böschung, suchte er Holz und machte sich daran, den Wagen zu bauen. Die Arbeit ging ihm leicht von der Hand.

Gegen Abend grub er eine Höhle in die Erde; in ihr übernachtete er.

Am nächsten Morgen waren zwei Ratten gefangen. Sie sahen schrecklicher aus, als Pepy sie sich vorgestellt hatte. Hin und her liefen sie und versuchten, sich zu befreien. Pepy beruhigte sie, sie sollten sich nicht erdrosseln. Er sagte, er brauche sie nur, weil er mit dem Anführer sprechen müsse.

,,Du siehst aus wie ein Mensch", sagte scharf die eine.

,,Ich bin viel kleiner", erwiderte Pepy.

Auf der Straße suchte er Futter für sie: eine halbe Schnitte und einen angebissenen Apfel; das trug und schleifte er zu ihnen. Aber die Ratten mißtrauten ihm: Sie fraßen nur einen Bissen, um zu sehen, ob er ihnen bekomme. Und als Pepy der einen zu nahe kam, schnappte sie nach ihm, und Pepy mußte sie stechen. – Der Wagen wurde an diesem Tag bis auf das zweite Rad fertig.

Am folgenden Tag versorgte Pepy die beiden Tiere mit einem Brötchen. Und er suchte einen zweiten Knopf. Aber er fand keinen. Erst am übernächsten Tag entdeckte er ihn. Er war kleiner als der erste, doch das machte nichts; der Wagen würde sowieso furchtbar holpern, weil die Knöpfe vier Löcher und nicht eins genau in der Mitte hatten.

Noch einen Tag hielt sich Pepy in der Nähe der Ratten auf.

Dann spannte er sie, die Speiche griffbereit, vor den Wagen. Und ab ging die Fahrt: Auf dem schrägen Podest neben der Rinne ratterte er in das Dunkel. Zum Ersticken dunkel wurde es. Dann brach durch die Öffnung eines Kanaldeckels gebündeltes Licht. Sie fuhren durch aufstiebenden Rattendreck. Der Wagen krachte gegen einen Stein. Wieder Lichtbündel und noch einmal. Vor einem Rohr, das aus der Wand mündete, pfiffen die Ratten und bogen ein. Aber nicht in das Rohr hinein jagten sie, daneben, im Gestein, befand sich ein Loch: Das war die Einfahrt. Der Wagen schleuderte gegen eine Ecke, ein Rad rollte weg. Sich mühsam auf dem schiefen Wagen haltend, wurde Pepy durch dunkle Gänge geschleift; immer wieder änderten die Ratten die Richtung.

Und mit einem Ruck hielt der Wagen in einem Saal, in dem dunkelrotes Licht brannte. Wohl zehn Ratten hockten um einen langen Tisch, auf dem Flaschen und Gläser herumstanden. Abseits, auf einem Hocker, saß eine weiße Ratte; sie putzte sich gelangweilt, spähte aber, wie auch die anderen, zu Pepy.

Pepy grüßte.

Niemand antwortete.

Er stieg vom Wagen.

„Hallo", sagte schließlich eine Ratte; sie saß am Kopfende des Tisches und trug eine flache Mütze mit einem langen Schirm. Mehr sagte sie zu Pepy nicht.

Sie nickte aber einer anderen Ratte zu. „Prüf ihn!" befahl sie.

Die kicherte. Sie erhob sich und torkelte zu Pepy hin. Vor ihm richtete sie sich auf, sie witterte lange mit vorgestreckter Schnauze, wobei sie entsetzlich schwankte.

Und sie kicherte und sagte: „Riecht erträglich."

Damit ließ sie sich auf alle viere fallen. Mit ihrer Schulter drängte sie Pepy vom Fleck, und die anderen lachten. Pepy stemmte sich gegen sie, aber er kam nicht gegen sie an, obwohl sie doch angetrunken war. Da zog er die Speiche und stach, und die Ratte quietschte auf und rannte aus dem Saal.

Die Ratten lachten wieder.

Auf die Tischplatte schlagend, rief der Anführer: „Komm, schmeiß deine Beine untern Tisch!"

Und er drückte auf einen Klingelknopf: Zwei Ratten stürzten in den Saal, die mußten die eingespannten Ratten abführen. Grinsend fragte der Anführer Pepy, ob er Braunwein oder lieber einen Klaren saufe.

Pepy kannte weder das eine noch das andere. Er bestellte einen Klaren.

Die weiße Ratte schenkte ihm ein Fingerhutglas voll.

Sein Glas hebend, sagte der Anführer: „Auf alles, was unter der Erde kriecht."

Pepy, der nur Tau gewohnt war, wurde hin und her geschüttelt.

Der Anführer wollte wissen, woher er komme und wie es da mit dem Fressen aussehe.

Pepy sagte, er trinke nur.

Das begeisterte den Anführer. Er hieb auf Pepys Schulter und auf den Tisch, er grölte, er sagte, auch er kippe beinahe ausschließlich, doch müsse er für die Sippe sorgen, für die Nachkommen und so weiter: Für die sei Fressen wichtig.

Dann fragte er Pepy, was er eigentlich wolle.

„Ich habe kein Herz. Ich brauche das Herz einer neugeborenen Ratte."

Halb ernüchtert stierte der Anführer Pepy an.

„Ja", sagte er dann hart. Er klingelte wieder.

Einer hereinhastenden Ratte flüsterte er Befehle ins Ohr.

Und er kümmerte sich nicht mehr um Pepy.

Er unterhielt sich mit den andern Ratten, sie erzählten sich Witze; sie taten, als wäre Pepy überhaupt nicht mehr da. Nur die weiße Ratte, die jetzt an den Nägeln knabberte, blickte interessiert zu ihm. Sie stand auf, ging zu einer Wand, drehte an einem Knopf: Schlager erklangen: Jemand besang seine Geliebte, die so schön fiepte; eine Frauenstimme sang von Erbsenkullern, die aus einem Abfluß kollern.

Pepy wartete, hatten die Ratten ihn vergessen? Sollte er dazwischenreden, damit sie sich an ihn erinnerten?

Endlich kam eine weißbekittelte Ratte herein. „Wir sind bereit", sagte sie zum Anführer.

Der bedeutete Pepy, wie nebenher, mitzugehen.

Pepy wurde in einen hellen Raum geführt. Er mußte sich auf einen Tisch legen. Er bekam eine Spritze und sank in Narkose.

Das Herz wurde ihm eingesetzt.

Es war eine schwierige Operation.

Danach wurde ihm mit einer stechend riechenden Flüssigkeit die Brust abgetupft: Die Wunde heilte zu. Und er mußte etwas widerlich Schmeckendes trinken: Das brachte ihn auf die Beine.

Er wurde in den Saal zurückgeführt.

Dort blickte er um sich; sah er jetzt, da ein Herz in seiner Brust schlug, die Welt anders?

Die Ratten tranken noch immer. Die weiße sah lange und bedeutungsvoll zu ihm, dann ging sie hinaus.

Pepy fühlte sich zum erstenmal in seinem Leben beklommen.

„Zum Abschied noch einen runtergurgeln?" fragte der Anführer.

Pepy trank einen Schluck. „Und wo ist mein Wagen?" fragte er.

„Draußen."

„Und die beiden Ratten, die mich hergebracht haben?"

„Haben zur Zeit eine Kugel am Bein."

„Und mein Degen?"

Eine Ratte brachte ihm die Speiche, aber sie war zusammengerollt und als Waffe unbrauchbar.

„Trotzdem, habt Dank", sagte Pepy.

Langsam ging er zum Ausgang. Draußen jedoch lief er los. So schnell es ihm die Dunkelheit erlaubte, hastete er den Gang entlang.

Irgendwo rief jemand: „Spring auf!"

Pepy sprang. Er klammerte sich fest an das Fell der davonstürzenden weißen Ratte. Kurz vor dem Kanal pfiff sie.

Sie rief: „Ich bin's, Camelia."

Die Wachen, die um das Loch neben dem Rohr standen, ließen sie hindurch.

Camelia jagte den Tunnel entlang. Lichtbündel. Und sie lief weiter. „Festhalten!" rief sie – und schon sprang sie über die Rinne, lief die gewölbte Wand hinauf, zwängte sich oben in einen Spalt hinein; hier gab es eine kleine Kammer.

Stoßweise atmend, sagte sie: „Am Gitter, draußen, stehen noch einmal Wachen."

„Sie wollen das Herz wiederhaben?“ fragte Pepy.

„Ja“, nickte Camelia.

„Muß das Junge sterben, wenn sie es nicht zurückbekommen?“

„Nicht unbedingt.“

In großem Aufruhr liefen die Ratten im Tunnel durcheinander.

Camelia sagte: „Dies ist meine Kammer, niemand kennt sie. Ab und zu verkrieche ich mich hier und träume.“ Nach einer Weile fügte sie hinzu: „Ich glaube, ich habe schon immer von dir geträumt.“

Pepy schwieg betroffen.

Nach vielen Stunden, als die Ratten die Suche eingestellt hatten, mußte er sich wieder an seine Retterin klammern. Sie sprang hinunter aufs Podest. Und sie lief mit ihm zum Fluß.

Endlich stand Pepy im Freien. Er atmete tief. Schwach flimmerten Sterne am gelblichen Himmel.

„Wohin gehen wir jetzt?“ fragte Camelia.

„Wir?“ fragte Pepy.

„Ja, wir.“

„Ich kann dich nicht mitnehmen.“

Pepy glaubte zu sehen, wie Camelia steif wurde.

„Ist das der Dank?“ fragte sie endlich.

„Ich danke dir, aber wir können nicht zusammen gehen.“

Die weiße Ratte hatte sich halb abgewandt. „Ich könnte dich auffressen.“

„Ja“, sagte Pepy.

Sie rührte sich nicht vom Fleck. Pepy strich ihr über den Rücken. Sein Herz krampfte sich zusammen.

Leise sagte er: „Mach's gut!“

Holzbeinig stakte er einige Schritte davon; dann rannte er los, lief, um nicht aus Dankbarkeit und Mitleid schwach zu werden.

Als er schon weit entfernt war, hörte er einen spitzen Schrei. Da hastete er noch schneller zum Park hinüber. Aber der Schrei verfolgte ihn.

Pepy lief die ganze Nacht hindurch.

Nach zwei Tagen stand er wieder unter der Lärche am See. Es war Mittag, und er war erschöpft; er legte sich ins Gras.

Erst als es dunkel wurde, erwachte er. Auf diesen Augenblick schien die Ameisenwächterin gewartet zu haben: Von der Wurzel, auf der sie stand, trompetete sie: ,,Pepy, der tapfere Pepy, der große, tapfere Pepy ist wieder da!"

Vielleicht hätte Pepy früher das Lob gern gehört, jetzt aber schrillten ihm die Worte widerwärtig im Ohr. Er herrschte die Ameise an, ruhig zu sein. Und er ging hinunter zum See, wusch sich. Danach suchte er einen Stock, eine neue Waffe. Und er setzte sich und wartete, an den Stamm gelehnt, auf Federfuß.

Eine ganze Weile nach dem Dunkelwerden kam der Zug vom Gebüsch her über die Wiese: Die Chefin und die Eidechse schritten voran, in einer Reihe folgten ihnen die Mädchen und Käfer; am Schluß ging Federfuß – allein.

Pepy schlug das Herz bis zum Hals, am liebsten wäre er sofort zu ihr gelaufen. Aber er bezwang sich und wartete, bis der Tanz begann.

Da ging er dicht am Kreis vorbei zu Federfuß.

Sofort brach der Tanz ab.

,,Beiß ihn! Zerreiß ihn!" schrie die Chefin ihren Partner an. ,,Du hast doch geübt."

Die Eidechse kroch auf Pepy zu. Der fürchtete sich; doch die Echse, die den Spieß in seiner Hand sah, zitterte vor Angst – blitzschnell wandte sie sich ab und verschwand in der Dunkelheit.

,,Komm!" sagte Pepy zu Federfuß.

Ach, ihr Gesicht war weiß, und sie rieb sich die Oberarme,

als fröre sie. Zweifelnd erhob sie sich. Als sie aber den ersten Schritt neben Pepy getan hatte, hüpfte sie überglücklich auf und umarmte ihn – war darüber aber sogleich erschrocken. Zusammen gingen sie zum Kreis.

Angst und schlechtes Gewissen trieben die Chefin aus der Mitte. Laut schimpfend über das niedere, undankbare Pack, für das sie sich aufgeopfert, das sie so viele neue Tänze gelehrt habe, lief auch sie in den Park hinein.

Doch wie ausgelassen fühlten sich die anderen! Sie lachten, riefen durcheinander, tanzten, sprangen; sie sprangen hoch – ja, wie hoch denn? – bis zu den Löwenzahnspitzen.

Pepy und Federfuß sahen in dieser Nacht nur sich.

Im Morgengrauen brachten die Tänzer die Mädchen zu ihren Blumen ins Gebüsch. Und Federfuß durfte in eine Blüte des Frauenschuhs einziehen, den die Chefin allein bewohnt hatte. Sie und Pepy stiegen hinauf in ihr kleines Quartier. An einem Tischchen tranken sie Morgentau. Sie legten sich in ein Bett. Und während es richtig hell wurde, das Licht immer stärker durch die gelben Wände schien, wuchs die Blüte, wuchs und wuchs, bis sie an die Sonne stieß.

Pepy und Federfuß waren sehr glücklich.

In der nächsten Nacht wurde Federfuß zur Chefin gewählt. Und alle tanzten wieder, Pepy nur mit Federfuß.

Manchmal, wenn Federfuß aufblickte und sah, daß andere ihnen nachtanzten, ermahnte sie die Paare, den eigenen Tanz zu suchen. Das war für die Paare gar nicht so leicht, nachdem sie so lange immer nur nachgetanzt hatten.

Das Glück füllte für Pepy und Federfuß die Augenblicke aus, daß sie meinten, es wären Tage. Ihr Leben konnten sie sich nur noch eins zusammen mit dem anderen vorstellen.

Und doch ließ Pepy eines Nachmittags Federfuß allein. Er lief auf die Wiese hinaus, und er mußte an Camelia denken, der er so weh getan hatte.

Später flog er auf einem Vogel über die Stadt. Unter sich sah er die Häuser, die Menschen, die Autos...

Wie groß die Welt war! Was es alles gab!

Mit einem schlechten Gewissen kehrte er zurück. Federfuß begrüßte ihn freundlich, doch er merkte, er hatte sie verletzt. Pepy erzählte ihr von dem Flug, von dem, was er alles gesehen hatte. Und mit einmal lachte er auf und sagte: „Federfuß, ich glaube, wir können nur zusammen glücklich leben, wenn keiner von uns verlernt, Neues zu entdecken und allein mit sich auszukommen."

Da lachte auch Federfuß, denn Ähnliches hatte auch sie gedacht.

Aus ihrem alten Glück, das sie schon wie eine Schale umgeben hatte, brachen sie aus, ein neues lag vor ihnen.

So lebten sie.
Viele, viele Augenblicke.
Sechs Tage.
Da begann Pepys Herz zu holpern.
Am Abend schlug es wieder regelmäßig, er tanzte.
Tags darauf starb er.

Ratlos standen Federfuß und ihre Gefährten um das Grab, das sie neben dem Busch ausgehoben hatten, wo Pepy Federfuß das erstemal gesehen hatte.

Einige versuchten Federfuß zu trösten. Aber sie sagte: „Seid still. Bitte redet nicht. Wir waren sieben Tage glücklich – eine lange Zeit..."

Mit einem Marienkäfer tanzte sie leise vom Grab weg.

Schweigsam bewegten sich die anderen. Es wurde eine stille Nacht.

In der nächsten Nacht tanzte sie mit einem Schmetterling; in der übernächsten mit einem Grashüpfer – da wurde es schon lustiger.

Manchmal aber tanzte sie auch allein. Sie hörte das Surren der Autos, das Quietschen der Straßenbahn, das mächtige, stetige Summen der Maschinen, und sie dachte an Pepy.

Einmal waren sie zusammen auf einer Wildente geflogen, hoch über den Häusern. Manche Geräusche konnte sie sich seitdem erst erklären.

Aus Pepys Grab – wie ihr euch denken könnt – wächst eine Pappel.

Inhaltsverzeichnis

Ali und der Esel Mustapha 5
Nachts im Freien 17
Mein kleines wildes Tier 30
Pepy 46